Emiliano Aguirre Enríquez: orígenes e infancia de un gran hombre

Emiliano Aguirre Enríquez: orígenes e infancia de un gran hombre

Javier Castellano Barón

Emiliano Aguirre Enríquez.
Retrato de la pintora Almudena Salamanca, "óleo sobre lienzo"

EMILIANO AGUIRRE ENRÍQUEZ:
ORÍGENES E INFANCIA DE UN GRAN HOMBRE
Javier Castellano Barón - Bubok edic. 2025
© Javier Castellano Barón

EMILIANO AGUIRRE ENRIQUEZ:
orígenes e infancia de un gran hombre

ISBN Libro en papel: 978-84-685-8972-5
ISBN eBook en PDF: 978-84-685-8973-2
Impreso en España
Editado por Bubok Publishing S.L

ÍNDICE

DEDICATORIAS Y GRATITUD

Mi más profundo agradecimiento a:

Emiliano Aguirre, maestro y amigo, por todo aquello que me enseñó no solamente en el ámbito científico si no también en el humano a través de su ejemplo.

También a Leandro Sequeiros al que conozco desde las ya lejanas primeras Jornadas Aragonesas de Paleontología y con el que gracias a Emiliano y al pensamiento de Teilhard hemos llegado congeniar alcanzando una profunda amistad. También de él he seguido aprendiendo de ciencia y de humanidad.

Todo mi agradecimiento para Almudena, mi mujer, por su continua paciencia al soportar mis viajes, a veces a horas demasiado tardes, a mi despacho. También de ella aprendí mucho más de lo que cree.

PRESENTACION DE CARMIÑA BULE, VIUDA DE EMILIANO AGUIRRE

Todavía me parece verle. A veces, incluso siento que podría volver a hablar con él, como tantas veces hacíamos, compartiendo silencios y palabras.

Emiliano vivió con intensidad y pasión. Alcanzó los 96 años con la mirada despierta y la mente viva, y se fue recién cumplidos los 97, dejando tras de sí una vida llena: rica en experiencias, de una enorme actividad intelectual, científica y social, pero también profundamente emotiva y llena de afectos.

Quienes le conocieron saben que tenía una forma de estar en el mundo propia, profunda, sensible, generosa. Le interesaban las personas, le fascinaba aprender y observar.

Estuvo rodeado siempre de amigos, colegas y alumnos con los que compartió mucho más que trabajo o vocación: compartió la vida. Y vivió y viajó por muchos rincones del mundo, conociendo paisajes, lenguas y culturas que alimentaron su conocimiento y su curiosidad inagotable.

Es bien conocida su valiosa y decisiva aportación a la ciencia, particularmente a la paleontología, disciplina que ayudó a transformar en España con su visión moderna, integradora y rigurosa.

Pero quizás no todos conocen que ese gran científico se forjó también desde lo más humano: desde la riqueza de sus relaciones personales, desde su capacidad de escucha, su interés sincero por los demás y su inquietud permanente por los grandes temas de la existencia, como la filosofía, la religión o el origen de la vida.

En esa diversidad de vivencias y en ese constante deseo de comprender el mundo, se fue forjando no solo el investigador brillante, sino también el hombre íntegro, cercano y profundamente comprometido con el que tanto compartí.

Emiliano vivió casi un siglo con la misma pasión con la que se volcó en cada excavación, cada conversación o cada lectura. Y yo tuve la suerte de acompañarle durante casi 50 de esos años: medio siglo al lado del científico que nunca quiso jubilarse y, sobre todo, del hombre que amé y admiré profundamente.

La primera mitad de su vida no la viví junto a él, pero lo conocía bien. Emiliano fue un gran narrador de historias y compartió conmigo innumerables episodios que marcaron su infancia y juventud. Una niñez en una familia extensa y afectuosa, seguida por una juventud atravesada por la dureza de la guerra y la posguerra. Aquellos años no fueron fáciles, pero los vivió con esperanza, arropado por los suyos, y ese período le dio el temple, el espíritu resiliente y la mirada positiva que mantuvo toda su vida.

Este libro es el relato íntimo de los primeros pasos de un niño y un joven que no todos conocimos, pero que son esenciales para comprender al hombre en el que se convirtió. El científico de prestigio, sí, pero también el ser humano entrañable cuya memoria permanece viva en todos los que le quisimos.

En el año del centenario de su nacimiento, quiero agradecer con emoción la generosidad de quienes están haciendo posible que su figura se recuerde y celebre con tantos actos. A amigos, colegas y, especialmente, a nuestro querido amigo y presidente de la Fundación Paleontológica Emiliano Aguirre, gracias por mantener viva su memoria con tanto cariño y respeto.

Con todo mi afecto, Carmiña Bule

PRÓLOGO
DE LEANDRO SEQUEIROS, COLABORADOR, DISCÍPULO Y AMIGO
DE EMILIANO AGUIRRE ENRÍQUEZ

A mi amigo y maestro Emiliano Aguirre Enríquez lo conocí en 1965 en la Facultad de Filosofía de Alcalá de Henares donde en ese año yo era un joven jesuita (tenía yo entonces 23 años, y Emiliano 40), y ya estaba destinado por mis superiores jesuitas a estudiar Ciencias Biológicas.

De hecho, en el curso 1963-1964 yo ya había estudiado primero de Ciencias en la Universidad de Sevilla. La conferencia que el joven Emiliano nos impartió me deslumbró y reforzó mi convicción de que se necesitaban hombres y mujeres con formación científica (y en especial en Ciencias de la Vida y Ciencias de la Tierra) que pudieran colaborar en el futuro en proyectos de convergencia entre el pensamiento racional y científico y el pensamiento y la experiencia religiosa.

La vida da muchas vueltas. Y hasta 1968 no volví a encontrarme con Emiliano. En ese año yo estaba en Granada, viviendo en un Colegio Mayor y cursando tercero de Ciencias Geológicas en la Universidad. Emiliano apareció en Granada acompañado del padre jesuita Édouard Boné (1919-2006), un paleontólogo muy competente (según supe más tarde), y autor de muchos libros en las fronteras de las ciencias y las religiones [entre ellos, *¿Es Dios una hipótesis inútil?* Sal Terrae, Santander, 1970], y que, además, había sido discípulo de Pierre Teilhard de Chardin.

Llegaron a Granada en un viejo SEAT-600 que usaba Emiliano, y venían invitados por un erudito de Guadix para visitar unas canteras en la cuenca Guadix-Baza en las que había aparecido estratos arenosos que contenían muchos dientes y huesos. Emiliano me invitó a acompañarlos.

Y al día siguiente tuve el placer de visitar las famosas canteras en las que desde esos años se han extraído miles de restos de mamíferos fósiles que han contribuido al conocimiento de las antiguas cuencas lacustres de Guadix y Baza hace diez millones de años.

Con el tiempo supe que fue una de las primeras prospecciones en la Solana de Zamborino, a 7 km de Fonelas. Este yacimiento fue descubierto en 1964 y las prospecciones se iniciaron en la década de los setenta.

Emiliano, con su gran perspicacia, intuyó que este tema, el de los mamíferos fósiles de la provincia de Granada, me interesaba. Pensaba, posiblemente, que yo podría ser su sucesor para continuar el estudio de los mamíferos terciarios de la cuenca de Granada. Estos fósiles los comenzó a estudiar Emiliano en los años 1955-1959, cuando – recién terminada su licenciatura en Ciencias Naturales – se formaba en Teología en la Facultad de Teología de Granada a la par que colaboraba con el Departamento de Geología de la Universidad. Para desgracia de Emiliano, finalizada la Teología en 1859 tuvo que regresar a Madrid para las nuevas tareas que le encomendó la Compañía de Jesús. De hecho, su tesis doctoral no se defendió hasta 1966.

Desde esa época, mis contactos con Emiliano fueron esporádicos, pero siempre cordiales por su parte. Una relación más cercana se desarrolló cuando en 1978, - siendo yo profesor de la Universidad de Zaragoza- Emiliano consiguió la Cátedra de Paleontología que yo ocupaba de forma interina. Durante el curso académico 1978-1979 trabajamos codo con codo en la consolidación del emergente Departamento de Paleontología de la Universidad de Zaragoza. Fue un curso apasionante durante el que el Departamento alcanzó su madurez con la incorporación de más profesores y la colaboración de grupos entusiastas de estudiantes que fueron seducidos por Emiliano y que se integraron en el equipo de Atapuerca.

En septiembre de 1979, Emiliano dejó Zaragoza y volvimos a encontrarnos en la constitución en 1986 de la Sociedad Española de Paleontología, en las Jornadas de Paleontología de Ricla (Zaragoza).

En el año 2000 invité a Emiliano al homenaje a José de Acosta, con ocasión de los 400 años de su fallecimiento. Este homenaje lo impulsamos desde ASINJA (Asociación Interdisciplinar José de Acosta) y tuvo lugar en Madrid, en la Universidad Comillas. Emiliano aún tenía bastante autonomía y se alegró al reencontrar a antiguos compañeros jesuitas.

No volví a verlo en unos años. Y en 2008 contactó conmigo para entregarme todo el material que había recopilado correspondiente a la Comisión de Nomenclatura Paleontológica de la Real Academia de Ciencias de España. Ya no se sentía con fuerzas para finalizar la tarea. Estuve en su casa de San Sebastián de los Reyes y me hizo depositario de un voluminoso legado que logré finalizar y entregar en la Real Academia.

Más tarde, hacia 2010, al iniciarse el proceso para insertar a España en la Red Mundial de Amigos de Teilhard, no dudamos en invitar a Emiliano a que fuera el primer presidente. Ya sabíamos de su actividad en 1968 para impulsar el Grupo de Trabajo de Teilhard en Madrid. Y cuando el proceso maduró, el septiembre de 2013, en la Sala de Juntas de la Sede de Alberto Aguilera de la Universidad Comillas, se constituyó la Asociación y Emiliano Aguirre fue elegido el primer presidente, cargo que desempeñó hasta su fallecimiento en 2021.

Desde 2012 la Asamblea de Socios lo nombró presidente de Honor.

La última vez que nos vimos físicamente fue el 5 de octubre de 2015. Ese día, Emiliano cumplió 90 años y la Junta Directiva de la Asociación de Amigos de Teilhard se reunió en San Sebastián de los Reyes para celebran con nuestro presidente el cumpleaños. Ya se notaba débil de salud, pero pudimos compartir mesa con él y disfrutar de sus presencia y conversación.

Los años anteriores a su fallecimiento, nos comunicamos por teléfono y, mejor, por carta postal convencional. Así, pudo colaborar en la redacción de la presentación de *La Gran Mónada. Escritos del tiempo de la Guerra (1918-1919)* editado por Trotta en 2018.

Has sido momentos densos de empatía y comunicación. Por eso, en el año 2024, cuando ya se hablaba de celebrar el centenario del nacimiento de Emiliano el 5 de octubre de 2025 y creíamos que el curso 2024-2025 podría dedicarse a reconstruir su memoria humana y científica, no dudé en sumergirme en la tarea.

Este volumen, que contiene una narración rigurosa pero afectuosa de los avatares de los primeros 20 años de la vida apasionante de Emiliano Aguirre, es un primer paso para la publicación de los casi 80 años que siguen a esta narración.

Esperemos que, en estos años, el entusiasta grupo de colegas científicos, de amigos, de colaboradores, de discípulos y doctorandos, haga posible que podamos publicar con el mayor rigor posible el avatar científico y humano de Emiliano Aguirre Enríquez.

Leandro Sequeiros San Román

Doctor en Ciencias Geológicas. Catedrático de Paleontología. Presidente de la Sociedad Española de Paleontología (1993-1998). Presidente de ASINJA (Asociación Interdisciplinar José de Acosta), presidente de la Asociación de Amigos de Pierre Teilhard de Chardin. Miembro de la Comisión Gestora del Homenaje a Emiliano Aguirre (2025)

PRESENTACIÓN

Este trabajo tiene como objeto la descripción del escenario familiar donde Emiliano Aguirre pas*ó* su niñez y adolescencia, y que fue determinante para adquirir los conocimientos que forjaron a ese gran hombre que llegó a ser.

Emiliano conoció el primer borrador de este trabajo[1] e hizo las correcciones oportunas. Actualmente este borrador está depositado, como el resto del archivo de Emiliano Aguirre, propiedad de La Fundación Paleontológica Emiliano Aguirre, en el edificio Emiliano Aguirre que la Fundación Atapuerca tiene en Ibeas de Juarros. Las siglas de este archivo son AEA. La mayoría de las fuentes utilizadas para este trabajo provienen de hemerotecas, conversaciones familiares e internet.

---

1. AEA L180 FY 40.5/52

1. ANTECEDENTES DE LA FAMILIA AGUIRRE

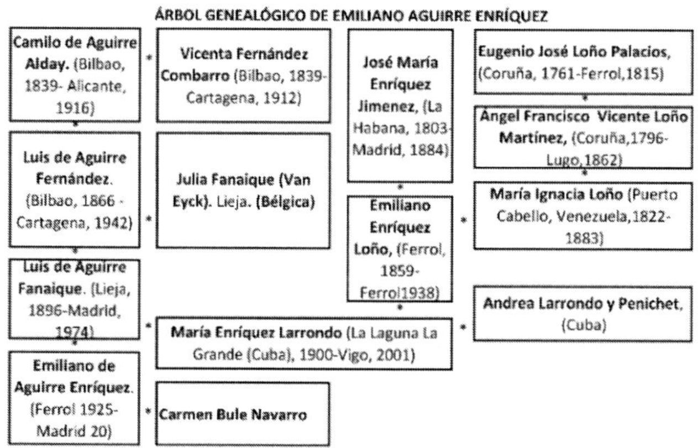

Camilo de Aguirre y Alday, natural de Bilbao, Se casó con **Vicenta Fernández Combarro** y tuvo nueve hijos, siendo **Luis** el mayor, y del que desciende **Emiliano de Aguirre Enríquez**.

Después de haber cursado, Camilo, la carrera de ingeniería de minas en su ciudad natal, se trasladó a Cartagena junto a sus hermanos y comenzaron a crear un gran patrimonio que no solo provenía del accionariado de las sociedades mineras que ellos gestionaban.

Él llegó a ser único propietario de más de cinco minas de plomo argentífero, de carbón y de plata y un importante accionista del Banco de Cartagena.

Fue un gran benefactor de esa ciudad donde alcanzó gran popularidad y prestigio: diputado provincial por Cartagena en 1877, concejal de su ayuntamiento en el 1906 y director de la Casa de la Misericordia hasta su fallecimiento.

En el año 1898 encarga al arquitecto Víctor Beltrí2 el proyecto de su palacio en Cartagena, concluyéndose tres años más tarde.

De él se sabe que todas las mañanas un coche de caballos le recogía en su domicilio y le llevaba al tren de su propiedad para recorrer sus minas.

Murió en Alicante el año 1916 siendo enterrado, al igual que su mujer, en el panteón que en el Cementerio de los Remedios diseñó Víctor Beltrí.

---

2. Fuente: Cartagena, 1874-1936 (transformación urbana y arquitectura). Escrito por Javier Pérez Rojas.

Palacio de Aguirre en Cartagena

Camilo Aguirre y Vicenta Fernández Combarro

Luis de Aguirre Fernández nació en Bilbao, en el 1866, pero su actividad laboral y política se desarrolló en Cartagena.

En 1894 cursa sus estudios de ingeniería mecánica en Lieja. En 1901 ya es director gerente de una sociedad de seguros llamada "El Día".

Como miembro del partido liberal llegó a ser alcalde de Cartagena en dos ocasiones. Es, en su segundo mandato como alcalde, en abril del año 1907, cuando tiene la oportunidad y el honor de recibir y acompañar al rey Alfonso XIII y a su madre la reina María Cristina de Habsburgo durante la visita que ambos hicieron a la ciudad junto al rey Eduardo VII de Inglaterra, con motivo de los llamados "acuerdos de Cartagena". Entonces, fue condecorado con la Gran Cruz de Isabel La Católica.

Luis Aguirre Fernández, alcalde de Cartagena
con la **reina María Cristina de Habsburgo**[3]

Al terminar la Primera Guerra Mundial descendió la demanda de plomo —utilizado en la fabricación de todo tipo de balas— y, comenzó el declive de la minería de plomo. Luis de Aguirre vendió algunas minas y decidió crear una compañía de reaseguros en Berna. En el año 1920, ya funcionaba la compañía, incluso con sucursales en Paris y Madrid, pero la gran Crisis de 1929 fue el motivo de su quiebra y la ruina de la familia. Se casó en Lieja con una mujer belga llamada

---

3. https://blogs.laopiniondemurcia.es/historias-de-cartagena/2021/10/12/emiliano-aguirre-cartagenay-atapuerca

Julia Fanaïque, apellido que es una versión valonizada de Van Eyck, y tuvieron un hijo *único, Luis*. Murió en Cartagena en el año 1942.

Luis Aguirre Fernández y **Julia Fanaique (Van Eyck)**

Luis de Aguirre Fanaique nació en Lieja en el año 1896 y ya viviendo en España, cursó la carrera de Derecho junto con estudios de piano y pintura. Fue académico numerario de la Academia Nacional de Jurisprudencia y Legislación. Dirigió la revista *Información Comercial Española,* y organizó tres exposiciones internacionales sobre productos españoles: "El aceite", "El arroz" y "Los vinos".

Escribió y tradujo multitud de libros y dio varias conferencias. Viajaba con frecuencia ya que gestionaba las minas de La Unión y la compañía de seguros de su padre, que tenía sucursales en diferentes ciudades de Europa, pero la Gran Depresión del año 1929 cambió su vida y a los 32 años, ya casado con María Enríquez se encontró sin empleo, sin medios económicos, y con seis hijos en el mundo.

Dada la nueva situación tuvieron que abandonar la casa de la calle de La Reina, 35-37 de Madrid y con la ayuda económica de sus cuñados, trasladarse a vivir a un ático interior en la calle Sagasta, 12. Durante largos meses tuvo que ganarse el sustento dando clases particulares, traduciendo libros del francés al español, mientras su mujer, María Enríquez, pasaba estos trabajos a máquina que, ocasionalmente, compaginaba con encargos de labores de punto.

Pasado cierto tiempo aprobó unas oposiciones y obtuvo una plaza en el Cuerpo de Técnicos del Estado de la Dirección General de Comercio Internacional del Ministerio de Industria y Comercio. La familia, junto con sus padres Luis y Julia, se trasladó a Modesto Lafuente 3, que hacía esquina con la calle Viriato; era un piso más amplio, propio de una gran familia.

Se trataba del 1 º D, aunque en realidad equivalía a un cuarto piso, pues se encontraba sobre el principal, el entresuelo y el bajo. Finalmente, Luis murió el 6 de diciembre de 1974.

Entre las obras más difundidas de Luis de Aguirre y Fanaique se encuentran:

- *Traité de droit maritime de Daniel Danjon.*
- *La conversión al cristianismo durante los primeros siglos de Gustave Bardy.*
- *La capacidad civil: estudio de las causas que la determinan, modifican y extinguen, según la filosofía del derecho, la historia de la legislación y el derecho vigente en España de Mariano Aramburo y Machado.*
- *Le chrétien dans la théologie paulinienne de Lucien Cerfaux.*
- *Un problema crucial: amor y dominio de sí mismo de Léon Joseph Suenens.*
- *Los productos gallegos de exportación: problemas, historia, folklore.*
- *Cuadernos de Jacques Maritain.*
- *Promoción apostólica de la religiosa en el mundo de hoy de León Joseph Suenens.*
- *Peces.*
- *Retales de un viejo corazón.*

También destacan los siguientes trabajos realizados en la Delegación Regional:

- *Los vinos gallegos* por Luis Aguirre Fanaique, *Técnico Comercial del Estado.* Delegado Regional de Comercio en Coruña.
- *La exportación básica gallega vista desde la Delegación Regional.*
- *Breve esquema de conjunto de la zona de la Delegación Regional de Comercio en Galicia al finalizar el 1945.*

Luis Aguirre Fanaique y Luis Aguirre con sus padres Luis y Julia.

2. LOS ENRÍQUEZ

María Ignacia Loño *Pérez* (1822-1883) nació en Puerto Cabello, Venezuela. Descendiente de una saga de militares, era hija del brigadier *Ángel Francisco Vicente* Loño Martínez (Coruña, 1796-Lugo, 1862) que fue cadete en el Colegio Militar de San Fernando, brigadier y gobernador militar en Ferrol y Lugo.

Así mismo, fue nieta del capitán de navío Eugenio José Loño Palacios (Coruña, 1761-Ferrol, 1815) y hermana de Francisco de Paula Loño *Pérez* (Santiago de Cuba, 1837-Madrid, 1907), ilustre político y militar que fue ministro de la Guerra, capitán general de Valencia, de las Baleares, gobernador militar de Cartagena y militó en el Partido Liberal Conservador.

José María Enríquez Jiménez, nacido el 30 de septiembre de 1803 en La Habana (Cuba) y fallecido el 16 de julio de 1884 en Madrid, se casó con María

Ignacia Loño[4]. De este matrimonio nació Emiliano Enríquez Loño, (Ferrol, 21 de abril de 1859-Ferrol, 1938) que ingresó como aspirante en la Escuela Naval en 1873, en 1907 ya era capitán de navío y en febrero del año 1924 sería almirante de la Armada y capitán general de Ferrol.

Almirante Emiliano Enríquez Loño

4.Fuente: http://familytreemaker.genealogy.com/users/g/i/m/Luis-I-Gimenoloo/WEBSITE-0001/UHP-1443.html

Sus discrepancias con la dictadura de **Primo de Rivera** provocaron su cese en el puesto, pasando a la reserva el 14 de noviembre de 1928.

Se casó en el año 1889, en Cuba, con **Andrea Larrondo y Penichet**, natural de esta isla y tuvieron diez hijos: **Emiliano, María, Ángel, José, Alejandro, Federico, Fe, Esperanza, Caridad y Dolores**, siendo María, la madre de **Emiliano Aguirre Enríquez**.

María Enríquez Larrondo, segunda hija de **Emiliano Enríquez** y de **Andrea Larrondo** nació en el año 1900 en Laguna La Grande (Cuba) y murió en Vigo en el año 2001, superando los cien años. Ella se casó con **Luis de Aguirre Fanaique.**

Emiliano Enríquez y **Andrea Larrondo Pinochet** con sus hijos,
**Emiliano, María, Ángel, José, Andrea y Concha, Fe, Esperanza,
Caridad** y **Dolores**.

No aparece en la foto **Alejandro**, pues murió siendo niño.

María Enríquez Larrondo

3. LOS PRIMEROS AÑOS DEL MATRIMONIO AGUIRRE-ENRÍQUEZ (1921-1929)

Luis de Aguirre y **María Enríquez** se casaron en El Ferrol, en la Iglesia de San Francisco, el día 12 de noviembre de 1921 y tuvieron diez hijos: **María, Concha, Luis, Emiliano, Julia y Carmen**, las hermanas mayores eran gemelas. Luego nacerían **José Antonio, Mercedes, Pilar y Teresa**.

Luis Aguirre y María Enríquez

María de Aguirre, una de las gemelas y hermana mayor de Emiliano de Aguirre —mujer encantadora, inteligente y entretenida—, elaboró un pequeño escrito contando vivencias familiares para que pudieran servir de recuerdo histórico a la familia.

Durante los primeros años de matrimonio, la familia vivió en Madrid en la casa de la calle de la Reina, 35-37, pasando los veranos en la finca que los Aguirre (padres) poseían en Pozo-Estrecho, Murcia.

Desde 1924 frecuentaban El Ferrol, porque desde 1924 a 1928 el padre de María residía en Capitanía, en la vivienda que habitaba como capitán general del Ferrol.

4. NACIMIENTO E INFANCIA DE EMILIANO AGUIRRE ENRÍQUEZ (1925-1936)

En el verano de 1925, el matrimonio **Aguirre-Enríquez**, acompañado de sus tres hijos, se encontraba en Ferrol, en el domicilio de los padres de **María**. La Capitanía General de Ferrol que albergaba frecuentemente todo tipo de eventos sociales estaba de nuevo preparada para albergar uno muy especial y extraordinario.

Era el día 5 de octubre de 1925 y su capitán general, **Emiliano Enríquez**, junto a su mujer **Andrea**, esperaban inquietos en una de las habitaciones de Capitanía, la llegada al mundo del cuarto de sus nietos, hijo de su hija mayor **María** y de su marido **Luis**, que habían prolongado su veraneo junto a ellos. Allí nació, ese mismo día, un varón al que el matrimonio **Aguirre** quiso ponerle el nombre de su abuelo, **Emiliano.**

Capitanía General de El Ferrol

Seis días más tarde, el 11 de octubre de 1925, fue bautizado en la parroquia castrense de San Francisco, con el nombre de **Emiliano Fausto de la Santísima Trinidad**. También ese mes, el 16 de octubre, en El Ferrol, **Andrea Larrondo** —esposa del capitán general de El Ferrol, Almirante **Enríquez**—, actuó como madrina en la botadura del crucero Almirante Cervera estrellando una botella de champán en su proa.

Emiliano de Aguirre desde muy pequeño tuvo mucha curiosidad e inquietud por saber y aprender, e incluso no podía esperar a que sus hermanas mayores le leyeran. Así, aprendió a leer antes de cumplir los cuatro años. Tanto su hermana **María** como **Emiliano** dejaron constancia por escrito de este hecho[5]:

María escribió:

«Emiliano con cuatro años ya leía correctamente porque había tenido el año anterior una cosa de hígado y estuvo varios meses haciendo reposo. Yo llegaba del colegio y me sentaba a su lado a leerle cuentos. Un día me dijo:
—¿*Ma*mi, por qué no me enseñas a leer y así no te doy la lata?

….. y le enseñé, y con tres años y pico, ya leía».

Emiliano contó:
«Era mi hermana María la que se venía a mi lado y me leía cuentos. Un día le dije que podía enseñarme a leer, así ella podría hacer otras cosas o jugar. Me puse pesado, y al cabo lo hizo. Con tres *años supe leer; ella sola me enseñó, ¡buena maestra de seis años! Y yo desde entonces la consideraba y la llamaba «mi segunda mamá»»*.

De regreso a Madrid, el matrimonio **Aguirre** junto a sus cuatro hijos —las gemelas: **María** y **Concepción**, **Luis** y el recién nacido **Emiliano**— vuelven a su piso de la calle de la Reina. La infancia de **Emi**-

___

5. AEA de la FPEA.

liano transcurre feliz en esta vivienda, en donde raro era el año en el que un nuevo hermano no incrementaba la familia.

Durante el año 1929, la familia **Aguirre** afectada por la fuerte crisis económica que azot*ó* al mundo, se ve obligada a cambiar de residencia e irse a otra más modesta en la calle de Sagasta, 12. Para entonces ya eran seis los hermanos que habitaban la casa. Desde este domicilio **Emiliano** acude diariamente a un colegio de monjas situado en la plaza de Olavide.

5. DESDE LA RUINA A LA GUERRA CIVIL (1929-1936)

En el piso de Sagasta 12, la familia **Aguirre** no debió de pasar mucho tiempo, en el año 1930 ya vivían en un piso proporcionado por **Emiliano Enríquez** en la calle de Modesto Lafuente, número 3.

Como el sueldo que tenía **Luis Aguirre** no era suficiente para mantener a una familia numerosa, lo complementaba como preparador de oposiciones de chicos con la carrera de derecho terminada y continuaba traduciendo libros y artículos del francés al español mientras **María** su mujer, los pasaba a máquina.

Es en el año 1930 cuando su padre ingresa en el Cuerpo de Técnicos del Estado, mejorando sensiblemente la situación económica familiar. Un año más tarde se trasladan a un piso más grande en la calle de Modesto Lafuente 3, en donde la familia, en constante crecimiento, puede vivir más holgadamente.

Emiliano recuerda estos primeros años en el que su padre componía para el Ministerio de Industria y Comercio, la revista *Información Comercial Española*. Por la noche, le observaba como dibujaba y maquetaba para la presentación de todo tipo de productos españoles en exposiciones internacionales.

Tenía seis años, en 1931, cuando acudió, por primera vez, al colegio de las Damas Negras (*Saint Maur*), situado en la calle del Cisne 2, hoy llamada calle de Eduardo Dato, y colegio Blanca de Castilla. Se llamaba calle del Cisne porque al final de esta se encontraba una fuente con un cisne. Sus hermanos también estudiaron ahí, al igual que su madre en su infancia. Durante la ruina de la familia no tuvieron que pagar el colegio. Emiliano permanece en *él* hasta que hizo la Primera Comunión, el 8 de mayo de 1932, y termina el curso 1931/1932.

Colegio de las Damas Negras

El curso 1932/1933 **Luis** y **Emiliano** ya lo realizaron en el colegio de los Hermanos Maristas, situado enfrente, en el número 3, y en él estuvieron hasta el comienzo de la guerra en 1936. **Emiliano** cursa allí primero de bachillerato también. Guardó grato recuerdo de este colegio y, sobre todo, de una persona que le enseñó las primeras nociones de Ciencias Naturales, **D. Hilario Albéniz.** (Padre Prudencio). Sus buenas notas académicas le hacen destacar como alumno brillante, consiguiendo varias becas de estudio.

Colegio de los hermanos Maristas

Emiliano de Aguirre recordaba de su padre, lo siguiente:

«El abuelo le puso un profesor de música, qué bien tocaba el piano, cómo nos gustaba escucharle, a la vuelta de su trabajo, antes de la cena. Recuerdo en especial a Schubert, las czardas húngaras y el flamenco. También el genial artista murciano, ilustrador de portadas de Blanco y Negro, Medina Vera, le enseñó a dibujar de modo muy personal y modos muy comunicativos y de la época. Algo de eso hemos heredado nosotros y más nuestras hermanas pequeñas y sus hijos».

María de Aguirre nos recuerda cómo transcurrían los veranos que pasaron en Madrid en esos primeros años de la república:

«Íbamos a jugar a la Castellana unos días y otros íbanos al hipódromo, que es donde está ahora el museo de Ciencias Naturales».

Hipódromo de la Castellana

6. LA GUERRA CIVIL (1936-1939).
LOS RECUERDOS DE UNA NIÑA QUE LA VIVIÓ
CON CATORCE AÑOS.

Cuando da comienzo la Guerra Civil, el matrimonio **Aguirre** tiene que dividirse: **Emiliano**, con once años, junto a sus seis hermanos y su madre, tras un año de guerra, consiguen salir de Madrid, sin dinero y gracias a la embajada cubana, después de un penoso recorrido, consiguen embarcarse con otros refugiados y cruzar al sur de Francia y desde allí a Fuenterrabía, para finalmente instalarse en Bayona (Vigo).

Su padre consigue exiliarse a Bélgica, país natal de su madre donde tenía familia, logrando refugiarse en un convento hasta su retorno a España.

Cuenta **María de Aguirre** en sus recuerdos lo siguiente:

«Ya en el 1934 las cosas en política se empezaron a poner muy mal. En el curso 1933-1934 hubo días que avisaron para que nos fueran a buscar al colegio. En 1936, toda la política estaba cada vez peor. Cada vez había más huelgas y manifestaciones. En *éstas* cantaban La Internacional, Joven Guardia, y los niños que también se manifestaban, cantaban: "Somos los pioneros la roja flor de la nación…"

Aunque sabíamos que la guerra empezó el día 18, no nos dimos verdaderamente cuenta hasta que la mañana del día 19 con el bombardeo del Cuartel de la Montaña. Al oír las bombas, subimos a la terraza con varios vecinos para ver qué pasaba y que era ese ruido. Subieron poco después algunos padres y nos mandaron a todos para abajo. Al poco rato nos enteramos de lo que era. Durante la guerra, pasamos hambre, frío y mucho miedo.

Cuando empezó la guerra, daban armas a todos y andaban por las calles armados y sin control. Cada uno disparaba cuando quería y hacia donde quería.

Al oír tío Saulo unos tiros en la glorieta de Cuatro Caminos, subió una persiana de su casa para ver lo que pasaba y en aquel momento le dispararon un tiro que atravesó la madera de la persiana y la bala hizo un agujero en la pared que tenía a su espalda. No le pasó nada G. a D. pero el susto fue tremendo.

Siempre tuvimos mucha relación con los Quereizaeta. Marí y nosotras jugábamos en su casa o en la nuestra desde pequeñas y Luis y Emiliano con Alfonso. Vivian en la Avenida Reina Victoria, 2, con ellos vivían la madre de tío Saulo que se llamaba Generosa.
La comida estaba muy escasa y era difícil de conseguir. Teníamos una barra de pan por persona cada día. Había colas para todo».

También contaba María que había muchas naranjas ya que no las exportaban y pasaban camiones por las calles vendiéndolas muy baratas y utilizaban la parte blanca para freírla a modo de patatas fritas. Iban a la calle de Eloy Gonzalo a un horno donde conseguían una especie de bollos. Es interesante su relato de episodios sobre *cómo* conseguían sustento:

«Las embajadas recibían de vez en cuando, camiones con alimentos. Había personas de la embajada o conocidos de alguien de allí que los repartían entre familiares y amigos. A tío Emiliano le llamaban algunas veces de la embajada inglesa y siempre nos avisaba para que fuéramos a buscar algo. También estaba allí María Teresa Botana, de Vigo, solían darnos huevos, unas latas de carne, verduras, frutas y alguna otra cosa que tuvieran.

A José Antonio que tenía entonces dos años, nunca le faltó un suplemento. De aquellas dos Pacas que teníamos de muchachas, Paca Mon, se hizo novia de un obrero que trabajaba al lado de casa; se llamaba Juanito, era miliciano y andaba siempre con su fusil al hombro. No sé de dónde lo sacarían, pero mientras estuvimos en Madrid, durante la guerra, venía ella todas las mañanas y le traía a José Antonio un bote de leche condensada y algo para comer. Podía ser un huevo, pescado o un filete, nunca le faltó.

También cuando estuvo papá en la cárcel, los miércoles, que tenía visita, al traer por la mañana la comida para José Antonio, traía para que le lleváramos a papá una libreta de pan (era como una bolla redonda y grande) abierta al medio con una tortilla de patata, sardinas fritas o carne, tampoco faltó nunca».

Y cómo era el ambiente social y político:

«Los milicianos, mandados algunos por sus jefes y otros por su cuenta, iban por las casas preguntando a los porteros sobre los inquilinos y las ideas políticas que ellos creían que tenía cada uno.

A los pocos días de empezar la guerra, vinieron a casa unos milicianos armados y con una pinta horrible a buscar a tío José Manuel. Le hicieron vestirse de uniforme y en el *hall* de casa, le quitaron la pistola, le arrancaron los galones y se lo llevaron. Pasó el resto de la guerra (prácticamente toda) en la cárcel. Nos contó después, que al salir de casa le hicieron subir a una camioneta donde había unos diez o doce más y que antes de llegar a la cárcel les bajaron siete veces, los ponían cara una pared para fusilarlos y cuando daba la orden de "preparados" …. Se volvían y decían al pelotón: "dejarlo para un poco más adelante".

Papá seguía yendo al Ministerio todas las mañanas, pero un día vinieron a buscarle unos milicianos a media mañana y mamá, después de decirles que no sabíamos nada de él, ni donde estaba, pudo avisarle que no volviera a casa.

Fue entonces cuando se refugió en la embajada de Finlandia, donde estaban ya tío Emiliano y tío Antonio.

Aquellos días, cuando iban a buscarte a casa, sin juicio y sin saber por qué, te llevaban y te mataban. Simplemente por ser de derechas, de otra clase social, envidias, venganzas, etc.

Yo creo, y papá pensaba igual que en el caso de tío José Manuel y en el de papá fue el portero que era comunista y un bicho, el que los denunció. Se llamaba Antonio».

La situación económica de la familia era precaria, como nos relata:

«En casa, no entraba dinero ninguno y mamá para darnos de comer empeño sus alhajas en el Monte de Piedad. Se llamaba Monte de Piedad y Caja de Ahorros o Caja de Ahorros y Monte de Piedad y estaba en la calle de Eloy Gonzalo muy cerquita de la Glorieta de Quevedo.

Después tuvo que sacar el dinero que teníamos en las libretas de ahorro que eran del Banco Español de Crédito. La mía tenía el número 91 y la de Conchita el número 92. También sacó lo que tenían los otros hermanos.

Al terminarse éste, era el abuelito Emiliano el que le iba dando a mamá lo que necesitase.

Cuando, después de la guerra, mamá quiso hacer cuentas con sus hermanos sobre la herencia del abuelito y devolver ella el dinero que le habían prestado, ninguno de ellos admitió que devolviera ni una peseta.

Con la comida seguíamos igual: arroz, judías, lentejas (que pasábamos media hora limpiándolas porque estaban llenas de bichos), pasta, fritos de harina, las naranjas…».

Los bombardeos, visitas a la cárcel, ayuda de las embajadas y salida de Madrid con destino Alicante:

«Al empezar los bombardeos nos juntábamos todos para ir al bajo. No encontrábamos nunca a Julita; ya estaba abajo. Íbamos casi siempre al Bajo letra D donde vivía Armida Vda. de Santa María y su hija

María Eloisa. Esta tenía un perro lobo de color negro que se llamaba Negus.

Allí nos juntábamos con los de De Carlos, los de Anglada y algunas veces las de Munaiz, todos los vecinos. Algunas veces iba alguno a casa de las de Malo, en el sótano.

Al ser mamá hija de cubana, nos protegía la embajada. Teníamos en la puerta del piso, por fuera, una orden de la embajada para que no entrara nadie sin su permiso. Este papelito es lo que nos salvó a Conchita y a mí el día que el miliciano nos quería llevar a las dos. A Conchita, para casarse con ella y a mi detenida por que le había dado un tortazo. El me lo había dado antes.

No recuerdo el tiempo que estuvo papá en la embajada de Finlandia, pero sí que el día 4 de diciembre de 1936, la asaltaron la guardia de asalto y un grupo de milicianos para llevarse a los refugiados. Se llevaron a los hombres y dejaron a las mujeres y a los niños. De la familia, se llevaron a papá, a tío Emiliano y a tío Antonio. Dejaron a tía Concha y Pepín que se habían escondido también allí porque la había denunciado la cocinera por enseñar a rezar al niño.

A los hombres, se los llevaron a la cárcel de San Antón en la calle de Hortaleza donde está la iglesia, pero a la cárcel se entraba por un costado. Creo que era la residencia de los sacerdotes.

Comentaron que a algunos de los hombres los mataron nada más salir de la embajada.

En la cárcel, las visitas a los presos eran los miércoles por la tarde. Íbamos Conchita y yo con mamá a ver a papá y allí nos encontrábamos con tía María Luisa y tía Concha que iban a ver a tío Emiliano y a tío Antonio. Una tarde, al salir de la visita, pasó un coche y nos tiró una bomba a los familiares que salíamos de ver a los nuestros. Las tías nos habían dicho que iban a la Gran Vía y nosotros tiramos para el otro lado. Justo, cuando nos separábamos fue lo de la bomba. No nos volvimos a ver con el humo.

No sabíamos unas lo que había sido de las otras. Caían personas al suelo, todos gritábamos, yo salt*é* por encima de una cabeza, separada del cuerpo, pero todos corríamos en todas direcciones. Mamá solo sab*í*a decir "Dios mío, Dios mío". Nosotras tres, con otros, nos metimos en un portal, pero aquel coche volvió a pasar y tiró allí delante otra bomba. Todo se llenó de humo. Salimos corriendo otra vez. No sabíamos que le pasó a la hija de los porteros de esa casa, pero quedó allí tendida.

Al llegar a casa, no nos atrevíamos a llamar a las tías por si las había pasado algo. A ellas les pasaba lo mismo. Cuando al fin hablamos, vimos que G. a D. todas estábamos bien.

No recuerdo el tiempo que estuvo papá en la cárcel, pero como había nacido en Lieja (Bélgica) fue mamá a la embajada de ese país para pedir que lo sacaran. Pasado un tiempo, lo consiguió.

Eran tantas las personas que se escondían o se refugiaban en las embajadas que estas alquilaban pisos en Madrid para poder ayudar a todos. Estos pisos, estaban atendidos por personal de la embajada, bajo su protección, su bandera, policías….

Papá estuvo en uno de esos pisos que estaba en la calle de Almagro. Algunas veces conseguía mamá permiso para ir a verle. Iba con un delantal y un cesto como si fuera a la compra y lo veía en la cocina.

Lo que todos queríamos era salir de Madrid. Cada cual organizaba su salida y la de los suyos como podía. Aun tardamos seis meses en conseguirlo.

Mientras, bajábamos Conchita y yo, por las mañanas, con una sillita plegable y la labor. Nos sentábamos al lado del portal y cuidábamos de los hermanos viéndolos jugar.

Si empezaban las sirenas, al bajo o al sótano todos y si estaba tranquilo, subíamos a comer lo que hubiese, a las dos.

Por las tardes, Conchita y yo subíamos al segundo a casa de las de De Carlos. También iba María Eloisa, la del bajo y bajaba del tercero Carlos Anglada, que era taquígrafo en el Congreso y nos daba clase de taquigrafía. Nos ponía tareas todos los días. Así fue como aprendimos taquigrafía Conchita y yo que, con el tiempo, nos vino muy bien.

Algunas tardes iba un primo de las de De Carlos que se llamaba Perico y nos enseñaba algo de inglés.

Las pocas veces que comulgamos en Madrid, durante la guerra, fue en casa de las de De Carlos. Iba allí una señora que llevaba las hostias consagradas en una polvera y nos daba la Comunión.

Subíamos también allí algunas noches a oír las noticias que daban por no sé qué emisora de la zona nacional y así nos enterábamos de cómo iba la guerra y por donde iban las tropas de Franco. Ponían la radio muy bajita por miedo a que oyeran otros vecinos.

No sé cómo engañaron unos chicos a Rosario de Carlos haciéndola creer que se dedicaban a pasar gente a la zona nacional. Su hermano José quería irse. Se citaron un día con ella (que les dijo los esperaba en la calle Viriato esquina a Modesto Lafuente con un perro lobo negro) para darle, según ellos, unos papeles firmados por el mismísimo general Franco. Subió los papeles a casa y José, después de leerlos, se fue con ellos. Lo mataron.

Un día que iba yo tan contenta porque había conseguido unos albaricoques, me paró un miliciano, me preguntó qué llevaba y me dijo: "lo que hay en España, es de todos los españoles" y me los quitó de un tirón….Me quedé llorando.

Otro día que iba con José Antonio, un ruso me regaló una lata de galletas.

Una tarde que Conchita y yo no fuimos a clase de taquigrafía porque fuimos a ver a los abuelitos, se presentaban en casa de las de De Carlos unos milicianos y se llevaron a todos a una checa. Las checas eran como comisarías donde ibas detenido sin saber el motivo. Te preguntaban lo que les daba la gana y te dejaban que volvieras a casa o te mandaban matar. Así por las buenas. Creo que el comisario daba un papel a su gente, siempre con una L, por lo cual, te decían que estabas libre. Tú te lo creías, pero si esa L tenía un punto detrás L. quería decir que te mataran. Y así lo hacían.

Mamá consiguió que saliéramos de Madrid por medio de la embajada de Cuba. Cuando lo supo, fue a ver a papá a la embajada de Bélgica para decírselo. Resultó que también esa embajada sacaba a un grupo de refugiados el 22 de junio. Nosotros salíamos al día siguiente, el 23 y papá no quería irse antes. Al final, mamá lo convenció.

Salíamos de la embajada de Cuba en dos autobuses y en el que nos tocaba ir a nosotros se estropeó. No recuerdo si fue ese mismo día o al día siguiente, nos pusieron un coche solo para nosotros, mamá y los siete.

Íbamos a Alicante a embarcar para ir a Marsella y de allí a Cuba. Eso es lo que decían nuestros papeles.

Al pasar por un control en la carretera, nos pararon y preguntaron si éramos evacuados. Mamá dijo que sí. Volvieron a preguntar ¿voluntarios o forzosos? Y mamá dijo: «forzosos» y nos dejaron seguir. Si hubiera dicho «voluntarios» nos hubiesen devuelto a Madrid».

María continúa relatando el periplo desde Alicante pasando por Marsella para llegar a Fuenterrabía desde se dirigen a la zona nacional:

«Llegados a Alicante, nos metieron en un hotel. Recuerdo que al día siguiente paseando por la calle, nos encontramos con Anselmo Fantoba y mamá estuvo un rato charlando con él.

El día 25 de junio de 1937, era el que teníamos señalado para salir de la España roja. Nos llevaron al puerto y embarcamos en *El Imeretie II* que nos llevaría hasta Marsella. Antes de salir de Madrid, nos habían vacunado de la viruela, pero al embarcar, nos obligaron a vacunarnos allí a todos. Luis llevaba las "costras" de la vacuna en el brazo, le había dado mucha reacción, pero no les importó y volvieron a vacunarle.

Al ir a embarcar, en la aduana del puerto nos registraban a todos. Para las mujeres había dos cuartitos, cada uno con una miliciana. José Antonio iba con mamá.

Al registrar a mamá, la encontraron un rosario metido en el forro del abrigo. La mujer que la registró la dijo: «*Dé* gracias a Dios de que le ha tocado conmigo porque si le toca con mi compañera, ni usted ni sus hijos embarcan».

A nosotras, nos tocó la otra. A mí me dejó en bragas y cuando pasó Conchita, la dio en el hombro diciéndola: «*tú* pasa que ya te he visto». Y pasó tan contenta. *Íbamos igual vestidas y peinad*as y así nos parecíamos mucho. Como apenas nos dejaban sacar nada, llevábamos puesto todo doble.

A Conchita y a mí nos habían comprado unas fajas de tela que tenían unas ballenas. Las usaban las gordas. Sacamos las ballenas y en su hueco, metimos unos billetes enrollados para poder sacar un poco de dinero. Cuando me registraron no se dieron cuenta. Es por lo único que pase miedo en el cuartito con la miliciana.

Los refugiados *íbamos* en la cubierta del barco, al aire libre, a excepción de algunos marinos, militares o políticos que iban escondidos en los camarotes.

No sé cómo Conchita descubrió una bodega que estaba llena de mantas. Bajaba por unas escaleras y traía un montón de ellas. Las repartía y volvía a bajar a por más. Todos se las pedían y gracias a ella, no pasamos frío.

De día Conchita siempre andaba corriendo, escapando de un camarero japonés que la perseguía todo el tiempo. Yo creo que se enamoró de ella.

Luis, por culpa de la vacuna, se puso malísimo, con mucha fiebre. Mamá se había encontrado en el barco a un marino que conocía de El Ferrol. Se llamaba Jesús Fontán. Era de los que iban escondidos en un camarote y se lo dejó a mamá para que Luis pudiera acostarse y no pasara frío en la cubierta.

Consiguió mamá una aspirina para bajarle la fiebre, la deshizo en una cucharilla y con los nervios, en lugar de dársela a Luis, se la tomó ella.

Como era alérgica a la aspirina se puso fatal y se tuvo que quedar con Luis en el camarote.

El barco paraba de noche. Venía entonces otro barco todo iluminado que daba una vuelta alrededor del nuestro y se iba. Decían que era "El Cananicas", un barco de los nacionales.

Al tercer día llegamos a Marsella. Mamá nos dejó en el muelle y se fue con José Antonio a una oficina que llamaban «El Socorro Blanco». Creo que el que la llevaba era el conde de los Andes.

Papá, desde Bélgica, había hablado con él para que nos atendiera. No sé cómo se lo comunicaron a mamá, pero ella sabía que tenía que ir allí.

Mientras estuvimos en el puerto, nos sentamos encima de unos sacos llenos de cacahuetes y por un agujero los sacábamos y nos los comíamos.

Vino a recogernos mamá con una señora con muy buena pinta que nos llevó a todos a un hotel.

Al día siguiente, esa misma señora nos fue a buscar para ir a la estación y coger el tren que nos llevaría a San Juan de Luz. Nos dio a cada uno un bollo y una chocolatina.

En ese tren, además de nosotros, venían varias señoras con sus hijos, también evacuados y algunos señores.

En San Juan de Luz, nos dejaron a todos para pasar la noche en un colegio de unas monjitas. Nos dieron de cenar, a cada uno, una barra de pan, una tortilla francesa y un vaso de leche. Después, todos, a un dormitorio enorme y a dormir.

Al día siguiente pasamos la frontera y fuimos a Fuenterrabía. Fuimos al colegio de las Damas Negras y allí nos dejaron quedar a mamá y a nosotras cuatro —Conchita, Julita, María del Carmen y yo—, y a José Antonio, pero no a Luis y Emiliano.

Tenían prohibido por las reglas de la Orden que durmieran en los colegios niños mayores de dos años.

No sabíamos que hacer. Me fui con mamá a la calle y nos metimos en una iglesia a rezar.

Mientras rezábamos, se nos acercó una señora y le preguntó a mamá si era ella una señora que había salido de Madrid con siete hijos y no tenía donde dejar a dos niños por la noche. No quiso decir quien la mandaba, pensamos que serían las monjas, pero ellas, dijeron que no.

Esta señora nos explicó que había podido hacerse cargo de dos niñas que hubieran quedado huérfanas en la guerra y que mientras no se las mandaban, podían quedarse Luis y Emiliano en su casa. Decía que los llevaría todas las tardes al colegio para que estuvieran con nosotros.

Fuimos con ella hasta el colegio y hablando allí con las monjas y con mamá, decidieron que se fueran con ella. Los llevaba al colegio todas las tardes, como prometió y estuvieron muy contentos y bien cuidados.

Decíamos que aquello había sido un milagro. No recuerdo si mamá llegó a escribirse con ella durante algún tiempo. Creo que sí.

Después no volvimos a saber de ella.

El único de la familia que estaba en la zona nacional, era tío Angelín que estaba en el frente».

Ya en la zona nacional, cuenta como se reúne la familia y finalmente termina la guerra:

«Consiguió mamá localizar a tío **Angelín** y éste, mando a dos moros a buscarnos. Se llamaban **Mohatan** y **Mohamed**. Uno de ellos era enorme.

Nos llevaron en coche a mamá y los siete a un pueblecito de la provincia de Soria que se llama El Royo. Ellos corrían con los gastos.

Allí, tío **Angelín** y **Rafael Moreno**, habían alquilado una casita para que veranearan sus mujeres con los niños. La mujer de **Rafael Moreno** era **Carmita** que era hermana de tía **María Luisa** y tía **Lolita**.

El día 4 de julio, llegamos a El Royo. Nos recibieron con mucho cariño y siempre fueron muy buenas con nosotros.

El Royo (Soria)

La casa era muy pequeña y creo recordar que nosotros dormíamos arriba, en lo que era el granero. Era una habitación muy grande con varios tabiques. Nos pusieron unos colchones en el suelo.

Carmita tenía cuatro hijos: Pichichi, Marisina, Lolina y el pequeño que se llamaba Eduardo. Tía Lolita, solo tenía a Angelín.

Rafael Moreno, el marido de Carmita, era ayudante del general Moscardó y estuvieron todos con él en el Alcázar de Toledo hasta que entraron las tropas nacionales. Contaban lo mal que lo habían pasado. Eduardo, el pequeño tenía solo ocho días cuando se metieron en el Alcázar.

En El Royo, poco había que hacer. Ir a misa, pasear, los pequeños jugar con los de Carmita... y nada especial.

El tío Pedro (como le llamaban en el pueblo) que era el dueño de la casa, que era además el que mataba los cerdos. Una vez quisimos ver matar a uno. Nunca más.

Cuando estaba en la era trillando, algunas veces nos dejaba trillar un rato. Nos divertía mucho.

Conchita y yo nos hicimos amigas de la hija del médico. Se llamaba Carmen y nos presentó a una amiga suya que se llamaba Marisa y veraneaba en Derroñadas, un pueblecito que estaba muy cerca de

El Royo. Salíamos a pasear las cuatro todas las tardes por la carretera, de un pueblo a otro.

Había dos grupos de chicos: unos eran de Falange y los otros, Requetés. El primer grupo que nos encontraba paseaba con nosotras. Los otros, ese día ni se acercaban. Entre ellos no se llevaban bien.

Me acuerdo de los Requetés. Eran tres, dos eran hermanos: José María y Juan Manuel. Se apellidaban Prado. Eran de Bilbao, pero veraneaban en Derroñadas hacía muchos años.

Un día vino a El Royo un hijo del general Moscardó. Hizo muchas fotografías a todos. Hay una de José Antonio con un pie vendado, preciosa. Está monísimo.

El día 19 de septiembre apareció PAPÁ ¡Que alegría! ¡Una emoción! Yo creo que todos, al menos los mayores, llorábamos. Fue un momento que, al menos yo, no sabría explicar lo que sentí.

La preocupación de papá y mamá era no saber lo que íbamos hacer ese invierno ni donde nos íbamos a meter.

Se les ocurrió llamar a don Enrique Holgado a Bayona y él nos dejó el piso que estaba encima del suyo, en su casa, que lo alquilaba en verano y entonces, lo tenía vacío.

Allí nos fuimos todos. Una vez en Bayona por recomendación de unos y otros consiguieron meternos internas a Conchita y a mí en Vigo, en el colegio de San José de Cluny y a Luis y Emiliano en el colegio de los hermanos Maristas.

Mamá se quedó en Bayona con Julita, María del Carmen y José Antonio. Fueron allí a unas monjitas. Era el curso de 1937-1938.

El Ministerio de Industria y Comercio, en la zona nacional, estaba en Burgos y papá se tuvo que ir allí. Vivía en casa de su tía Trinidad.

Los cuatro mayores, estábamos internos en Vigo. Algunos fines de semana íbamos a Bayona. Nos recogía en el colegio el marido de *África* Veira. Íbamos en el tranvía.

No recuerdo cuando salió de Madrid la familia Quereizaeta, pero sí que estuvieron en Pontevedra en casa de Alejandro Mon. Mary estuvo en Placeres en el colegio del Sagrado Corazón y Alfonso, en Vigo, en los hermanos Maristas, donde estaban Luis y Emiliano.

Conchita, en el colegio, se hacía pasar por sonámbula y se levantaba muchas noches haciendo toda clase de trastadas. Yo les pedía a las monjas que no dijeran nada a mamá porque cuando se le hablaba de eso, sufría muchísimo y nunca dijeron nada. Yo durante todo el curso, cortaba el pelo a casi todas las internas. Recuerdo a Lolita Guillén, las de Canals, Carmen

Diz, Carmen Casal, dos hermanas María Ángeles y María Eugenia (no me acuerdo del apellido de estas). Conchita y yo no teníamos uniforme en el colegio (recién salidas de Madrid y con lo puesto) y cuando había alguna fiesta, otras niñas nos prestaban uno. A una se lo dejaba Carmen Yáñez y a la otra Carmen Nandin.

Un fin de semana de esos que íbamos a Bayona, nos enteramos de que había muerto el abuelito Emiliano. Era a mediados de enero de 1938. Mamá se acababa de enterar también, no sé por quién. Murió el 30 de diciembre de 1937.

Conchita ese año hacia quinto de bachillerato. Cuando había fiestas en el colegio, las encargadas de hacer los adornos, trajes de papel, etc. éramos Lolita Guillen y yo. Mientras hacíamos eso no íbamos a clase.

Los sábados y domingos que íbamos a Bayona, las amigas de Conchita y mías eran las gemelas de Bedriñana y Marina Diez Ulzurrun. Por la mañana íbamos a la playa y por las tardes, casi siempre al castillo de Monte Real.

El dueño del castillo, *Ángel Bedriñana*, padre de las gemelas, nos quería mucho. La madre se llamaba Digna, como una de las gemelas. La otra se llamaba Margot.

Tenían las gemelas otra hermana mayor, casada, que veraneaba en Sabaría y algunas tardes íbamos a merendar a su casa.

Al entrar las tropas nacionales en Bilbao, una vez que se organizaron, trasladaron allí desde Burgos, el ministerio de Industria y Comercio y papá se fue a Bilbao.

Consiguió un piso en la calle Gardoque, número 7, paralela a la Gran Vía. Una vez instalado, quiso que mamá se fuera para allí.

Debía ser a finales de mayo cuando mama con Julita, María del Carmen y José Antonio se fueron a Bilbao. Los cuatro mayores nos quedamos en Vigo, en nuestros colegios hasta terminar el curso.

Al cerrar los colegios, a finales de junio nos fuimos los cuatro a Bayona —esos días de junio, todo julio y los primeros días de agosto—, hasta que fue a buscarnos mamá.

En Bayona, ese tiempo, Conchita y yo estuvimos viviendo en el castillo con los de Bedriñana y Luis y Emiliano con los de Barreiro, en la farmacia.

Durante el viaje a Bilbao, mamá nos dijo que estaba embarazada. Terminamos el verano en Bilbao y algunos días íbamos a la playa de las Arenas.

En el verano, había que pensar en el invierno y estaba el problema de los colegios. Era el curso 1938-1939.

Vivían entonces en Bilbao Carlos Godino y Eladia y

fueron ellos los que lo solucionaron.

A mí me consiguieron plaza en las Esclavas, a Conchita, como las esclavas no tenían ese año clase de sexto de bachillerato se la consiguieron en el Sagrado Corazón; Luis, Emiliano y José Antonio estuvieron en los Jesuitas y para Julita y María del Carmen, consiguió mamá que fueran internas a las Damas Negras en Fuenterrabía.

Cada uno en su colegio, todos estábamos muy contentos. Cuando salieron de Madrid, la abuelita y tía Fe estuvieron unos días en Bilbao con nosotros. Después no se donde fueron. También estuvo tía Caridad. No recuerdo si al mismo tiempo, antes o después.

También José Andrés, nuestro primo, que tenía unos días de permiso, vino a pasarlos a Bilbao con nosotros. El día 9 de febrero por la noche se puso mamá de parto. Mientras papá bajaba deprisa a buscar un taxi, José Andrés y yo bajábamos despacito con mamá. Papá y mamá se fueron a la clínica y José Andrés y yo subimos a casa a dormir.

A la mañana siguiente, papá nos dijo que había nacido Merceditas. En cuanto pudimos, fuimos a verla. Era el 10 de febrero de 1939. Daba la casualidad de que José Andrés cumplía ese día 18 años.

Teníamos en casa una asistenta, Margarita, y una gata, Pirracas. La gata estaba coja por culpa de un palo que le había dado Margarita por comerse un trozo de bacalao.

De vuelta a casa, mamá, al salir de la clínica con Merceditas, no se encontraba nada bien. Estuvo casi dos meses en la cama. Yo tuve que dejar el colegio para llevar la casa, cuidar de mamá y criar a la niña.

Yo la lavaba su ropita, la bañaba, la preparaba los biberones y se los daba. También dormía con ella.

A Pirracas, le gustaba ponerse a sus pies en el capacho y no dejaba tocar a la niña a nadie nada más que a mí. El 28 de marzo, era 1939, entraron las tropas nacionales en Madrid y se terminó la guerra. Emiliano cursa el segundo curso de bachillerato en los hermanos Maristas de Bayona y el tercer curso de bachillerato en los Jesuitas de Indauchu, Bilbao».

7. DESDE EL FIN DE LA GUERRA A LA ENTRADA DE EMILIANO AL NOVICIADO JESUITA (1939-1942)

La familia **Enríquez** trataba de volver a la vida normal, aunque la situación había cambiado, acabada la contienda vuelve toda la familia a Madrid.

Emiliano reanuda sus estudios en el colegio de los Hermanos Maristas, pero como el edificio de la calle del Cisne, que con el estallido de la Guerra Civil había sido ocupado por las fuerzas republicanas y convertido en hospital, se encontraba en restauración, las clases se impartían en un edificio propiedad de los Padres Paúles ubicado en la calle García de Paredes actual Clínica La Milagrosa.

Allí cursó, en un solo año 4º y 5º de bachillerato y 6º al siguiente año, acabando estos estudios con dieciséis años.

Con catorce años conoció al Padre Joaquín Múzquiz. S.J., quien llegaría a dirigir la Congregación de la Inmaculada y recibir la Encomienda de Alfonso X el Sabio. Emiliano participa en la Congregación llevando su boletín, gestionando sus recursos económicos y recaudando fondos entre sus vecinos. Interesado por la literatura, también participa en un círculo literario.

Durante este periodo, cuenta Emiliano que creaba crucigramas y pasatiempos que luego vendía, por unos duros, a los diarios Madrid e Informaciones y con el dinero obtenido compraba frutos secos para paliar el hambre. Además, se dedicaba a hacer la crítica deportiva del colegio.

Al terminar su bachillerato con brillantes notas, un día, dio un cambio de rumbo en sus aspiraciones de futuro y abandonó la idea de ser marino o ingeniero naval y decidió ingresar en la Compañía de Jesús, quizás influido por la muerte de un íntimo amigo que quiso ser misionero. Teniendo el rechazo de su familia enfermó y murió al poco tiempo, según nos cuenta su padre.

Dejemos a su padre contar, parte de esta historia, en un hermoso poema:

"Tengo un hijo entre mis nueve, alma de amores henchida, mente culta, cuerpo leve, los ojos llenos de vida.

Entre triunfos y laureles soñaba en mis desvaríos
verle construir bajeles o verle mandar navíos.
Más un día su voz fuerte suena cual nunca sonara.
Junto a mí también la muerte llama cual nunca llama-
ra. De San Ignacio en las filas a la lucha por Dios parte,
lleva el alma en sus pupilas
y un Cristo por estandarte. Y el día que mi lucero
viste la negra sotana,
mi padre me dice: Muero…
todo en la misma mañana.
Viejo que vas al Señor, para ti la paz, la calma,
hijo en quien puse mi amor,
cómo en Dios pones el alma.
Bendito Dios pues lo quiere y no mi humano albedrío,
toma Señor, al que muere y al que vive; nada es mío".

Luis de Aguirre Fernández, dejó este mundo el día 11 de septiembre de 1942, apenas cinco horas antes de que su nieto **Emiliano** comulgara por vez primera en el Seminario de la Compañía de Jesús, en Aranjuez, sin que su padre, asistiendo al suyo en la hora de su muerte, pudiera acompañarlo en ese día tan especial.

En Madrid, fueron a despedirle al autobús que le llevaría a Aranjuez, su madre y su querida hermana María.

8. LOS RECUERDOS DE EMILIANO AGUIRRE (1925-1942)

Durante los múltiples viajes en tren, coche o avión —la mayoría de las veces efectuados con nuestras respectivas mujeres, Carmen y Almudena—, tuve la fortuna de aprender de un maestro como lo era Emiliano Aguirre. No solo aprendí geología, evolucionismo, paleo-antropología o paleontología, si no también y quizá más importante, su pensamiento íntegro y su comportamiento como ser humano en un mundo como el nuestro mediante su ejemplo.

Con la valiosa y abundante información que me facilitaba y con su autorización, decidí grabar con mi móvil todas aquellas anécdotas que me contaba en aquellos viajes o sentados en el sofá de su casa o de la mía. En este artículo contaré algunos de aquellos recuerdos que me contó referidos a sus primeros dieciséis años, fecha en el que Emiliano ingresa en el noviciado de Aranjuez en donde cursó estudios de filosofía y humanidades.

Quiso ser misionero, pero los superiores de la Compañía, a los que debía absoluta obediencia, tenían otros planes para él. Tuvo que estudiar la carrera de Ciencias Naturales, que concluy*ó* con premio extraordinario.

Aquel niño que aprendió a leer con tres *años y que quería ser* marino como su abuelo Enríquez, acabó siendo, entre otras cosas, uno de los más reconocidos y prestigiosos paleoantropólogos y evolucionistas de España.

De sus primeros recuerdos están los juegos que inventaban y organizaban entre todos los hermanos y con los que se divertían enormemente; sus paseos con toda la familia a la salida de la misa dominical y después cuando su padre solía tocar el órgano; la visita familiar a los museos, sobre todo, de Ciencias Naturales y el de Sorolla, ambos muy cercanos a su casa; las máximas de su padre: «Ni firmar sin leer ni beber sin comer», «el alcohol y el cine: poco y con buen gusto». Cuenta que, de su padre, aprendió a trabajar y a exigirse hacer las cosas bien. Recuerda que desde niños les dejaban salir de casa con la condición de volver antes de la diez de la noche. Confiesa que, viendo a su padre, aprendió mucho sobre artes gráficas y se aficionó al dibujo.

Comenzó dibujando algunas escenas de la guerra de Abisinia, práctica que abandonó al poco tiempo por ser antagónico con su personalidad. Sin embargo, nunca abandonaría el dibujo y la poesía.

En sus recuerdos está un accésit que consigue en el concurso infantil del diario ABC gracias a su padre que le amonesta para que se esfuerce y haga bien el trabajo.

Desde su infancia ama la música, tanto la clásica, la ópera, la zarzuela, como la folclórica (flamenco, rancheras, peruana, czardas *húngaras,* etc.), sin olvidar el jazz.

Todos estos recuerdos le sirvieron para modelar su identidad y, sin duda, su posterior estudio profundo de filosofía y teología fueron también fundamentales para el desarrollo de su gran personalidad que culminó con su brillantísima preparación en ciencias naturales.

Emiliano Aguirre no solo fue el «Padre de Atapuerca» como se le acabó llamando, ni solo el «Premio Príncipe de Asturias de la Investigación y Ciencias», ni un miembro de la Real Academia de Ciencias Exactas, Físicas y Naturales —entre otra multitud de reconocimientos, medallas y premios que a lo largo de su dilatada vida obtuvo—, aquel joven que nació en 1925 y que se paseaba por la calle del Cisne hasta llegar al Museo de Ciencias Naturales —que llegó a dirigir—, era la suma de todo ese cúmulo de conocimientos que logró adquirir tanto por su ambiente familiar como por su preparación académica.

La publicación de este pequeño trabajo que tan solo abarca un corto periodo de vida del maestro Emiliano Aguirre es un homenaje en el centenario de su nacimiento.

ANEXOS: EMILIANO AGUIRRE (1925-2025)

EL 5 DE OCTUBRE DE 2025, EL PROFESOR, MAESTRO Y AMIGO,
EMILIANO AGUIRRE, HUBIERA CUMPLIDO CIEN AÑOS.
EL 5 DE OCTUBRE DE 2024, INICIAMOS LO QUE PODEMOS
LLAMAR EL AÑO AGUIRRE

CENTENARIO AGUIRRE

Con ocasión del CENTENARIO del nacimiento de Emiliano Aguirre (1925), un grupo de amigos hemos iniciado un programa de actividades para hacer memoria de este aniversario. Se está constituyendo un comité científico para avalar las actividades académicas que resalten las aportaciones de Emiliano Aguirre a muchas ramas de las ciencias naturales y humanas.

Durante este año, los amigos y alumnos de Emiliano estamos planificando diversas actividades científicas, culturales y festivas.

Con un cordial saludo. La Comisión Gestora.

EMILIANO AGUIRRE (1925-2025)

El 5 de octubre de 2025, el profesor, maestro y amigo, Emiliano Aguirre, hubiera cumplido CIEN años.

SEQUEIROS, L. (2025) Emiliano Aguirre y GRANADA TRES textos de 1955

https://www.bubok.es/libros/280860/emiliano-aguirre-y-granada-1955-1959-2-edicion

Con ocasión del CENTENARIO del nacimiento de Emiliano Aguirre (1925),

SEQUEIROS, L. y CASTELLANO, J. (2024)

https://www.bubok.es/libros/278941/emiliano-aguirre-1925-2025-centenario-de-un-maestro-y-amigo

SEQUEIROS, L. (2024)

https://www.bubok.es/libros/279037/emiliano-aguirre--finalista-o-contingentista---textos-1956-y-1959

SEQUEIROS, L. (2024)

https://www.bubok.es/libros/279238/emiliano-a-guirre-jaime-truyols-y-miquel-crusafont-histori-a-de-un-proyecto-comun

Se pueden bajar GRATIS en pdf

o adquirir en la editorial en soporte de papel